新版

家的日常，家的自在

すっきり、ていねいに暮らすこと

〔日〕渡边有子 著

杨林蔚 译

贵州科技出版社

UNREAD

前言

在 20 多岁到 30 岁出头的这段时间里，我经常外出。外面的世界固然是有趣的，但也不能不说是因为家中并非那么舒适。但过了 35 岁之后，便觉得在家待着也不错。

我开始琢磨：什么样的家居才让人感到愉快，如何布置出一个舒适的空间，又该怎样保持？

我认为，舒适家居生活的大前提就是"清爽"二字。但不能否认的是，有些人在庞杂的物件中间照样活得很愉快，他们能把东西都摆得错落有致、有模有样。但在我看来，那只是随便乱放而已，总叫人心神不宁。因此，我的目标就是把物品彻底地整理好，不留多余的东西，过简简单单的日子。

在这样的家中生活，感受季节的变迁，享受美食，偶尔邀请友人过来喝茶聊天……那该多好。当然，这也是一个适合工作的环境。

寻找适合自己的生活规则，并付诸实践，在这个过程中心情就会慢慢变好。对我而言，从收拾最喜欢的厨房和准备餐食开始，到创造一个让全家人感到舒适的起居室和卫生间的好环境，甚至于清洗衣物和打扫卫生的过程都是非常享受的。新的一天从家中开始，也在家中结束，好的家庭生活习惯，能让人有余裕去凝视自我，琢磨事物。虽称其为"规则"，但也没有字面意义上那么严肃，就是那些让自己感到自在放松的生活习惯而已。

"清爽"和"自在"，是令我精神愉悦、心情舒畅的两个关键词。

目录

CHAPTER 1
起居室和卫生间

CHAPTER 2

厨房

CHAPTER 3

料理

CHAPTER 4
服饰

CHAPTER 1

起居室和卫生间

新的一天从整理房间开始

清晨起床之后，一整天里的大半时间我都要在家中度过，不少工作也是在家中完成的。所以，对我而言，情绪的转换至关重要。如果当天有外出拍摄的任务，那么我很早就在厨房中忙活开了。有工作安排的压力在身，自然一开始就进入了工作状态。但是，在只需要留家写作的日子里，就很容易由着自己的心情来，做会儿工作，干会儿家务。一整天下来都坐立不安，效率极低。因此，我认为只有先让家中清爽了，才能全身心地投入工作。

首先把窗户打开通风，再让洗衣机转动起来，接着去打扫起居室和卧室等房间。把前一天晚上没来得及整理的以及散放在桌子上的东西都收拾好，把它们放回各自固定的摆放位置。我希望家中所有的物品都能各归其位，达到"初始状态"。经常性地进行这样的整理，就会把它变成日常的习惯。在洗涤、收拾、打扫的过程中，思维方式就开始往工作的方向转变。人来回走动，手脚忙个不停，脑子里却什么都不用想，这反而会感觉精神渐渐爽朗起来。对我来说，这段时间就是从休闲到工作的转换期。早上的家务劳动告一段落之后，家里也变得漂漂亮亮的，这算是一举两得吧。清新的空气在干净整洁的房间中流动，让人神清气爽，心情愉快。

即便天气转凉，遇到大晴天还是要打开窗，等吃完午饭再关上也不迟。清风能一扫家中积聚的浊气，让心情也变得如同空气一般清爽。脏衣服一直放着不洗的话，我就老是惦记，无法集中精力工作，乱糟糟的桌子也很容易影响情绪。我认为，杂乱无章的房间或是桌子能反映出居住者的脑子里也是一团乱麻。在不知不觉间，我就养成了先打扫房间再工作的习惯。在劳作中放空大脑，让身体先"苏醒"起来，做完了家务活，接下来投入工作的时候也会心无旁骛。不过这只是我个人的生活"规则"，我认为按照这样的顺序做事效率更高，家务工作两不误。

在生活中点缀季节的色彩

　　我家的起居室里放着一个陶质的大单口钵和一个需要双手才能抱起来的木碗，里面经常装满了水果。我一看到美味的水果就迈不动腿，买回来的水果不知不觉就已经堆成了小山。冰箱里放不下的就都放在这两个容器里，摆在起居室里供人取用。当然，厨房里没地方放是原因之一，另外，我觉得用水果代替花束来装点房间，也别有一番情致。

　　在我看来，水果和鲜花有同样的功效——自身都有香气，都有或浓或淡的色彩。房间里放上这样有机的物品，让人感觉视线都变得柔和起来。这两个容器摆在桌子上，春天装草莓，初夏装樱桃，这些小小的水果放在大大的碗里，既起到装饰的作用，也方便随手拿着吃。经过桌子的时候从这漂亮的"摆设"里拿上一两颗噙在嘴中，心情也随之美丽起来。夏天来临的时候就放李子、梅子和桃子，它们外形圆润，口感鲜甜，味道也是芳香醉人。买得越多，吃得也越多，可以给身体好好补足水分！光是看着这堆水果，就让人忍不住琢磨：是直接拿着吃好呢，还是切片再冲入冰凉的碳酸饮料弄成糖水好呢，或者是榨成汁做果子露冰激凌？进入秋季，水果的品种就更丰富了，不管是柿子、日本梨、葡萄、苹果、西洋梨还是木瓜，放在这两个容器里都非常耐看。到了冬天，钵里和碗里就盛满了黄色或橙色的柑橘类水果。我家的起居室里一年四季都点缀着缤纷的水果色。

我觉得有了水果做装饰就用不着再买花了，当然花朵调节心情的作用还是无可替代的。比起用复杂的花材做搭配，我更偏爱仅用一种花摆出的自然造型。初春时节放一束风信子在窗边，远远看去，它仿佛与射入的阳光融为一体，房间里满溢着喜迎春天的气氛。我常用的就是风信子和郁金香等球根花卉，或者像丁香那种细碎的小花。偶尔也会用大而华丽的花材，如芍药。每年到了相应的时节，我都会买一些花回来插上。因为对花不是很了解，大部分时间起居室里摆的还是水果。无论是鲜花还是水果，都能让人感受到季节的变迁，它们在日常生活中扮演着非常重要的角色。

家具与保养

　　我认为起居室里尽量不要放家具。最主要的原因当然是为了保持清爽整洁，另外就是家具不像衣服一样可以每天换来换去。那些设计感很强的家具，或是设计者来头很大的家具，虽然看上去非常惊艳，但如果天天见、时时用，从很多方面来讲都很容易让人产生疲劳。

　　借着结婚搬家的机会，两个人的家具就凑到了一起。不可思议的是我和丈夫的审美居然如此相似，几乎没有再添置新的东西，就买了一个小书桌和置物架。书桌很窄，当初是想在书柜前布置出一方读书的天地，才买下了它。置物架是用来收纳玻璃杯的，也很小巧。这两样都是日式老家具的修复品，于不同的时间从同一家店里购得。风格非常相似，与屋里现有的家具摆在一起也很和谐。

　　家具需要好好保养才能长久使用，这与我家的生活方式是一致的。起居室里摆放的椅子和凳子都是从丈夫的曾祖父传到祖父，最后留给他的老物件。它们的质地自然非常结实，但毕竟已经用了那么长时间，还是需要进行维护保养的。东西修好了继续用，也是我家的好传统。家里有两把折叠椅，有花纹装饰的那一把已经有近 100 年的历史了。另一把椅子在去年加固过椅面，是由我的艺术家朋友澄敬一先生和松泽纪美子女士帮忙修理的，他们还给椅子加上了素色的椅垫。椅子在他们手中获得了重生，就像一件新的作品一样，看样子还能用上很久很久。

不知道往后还会搬到哪里住，因此我很注意不在家中添置又大又"怪"的物品，家具更是宜少不宜多。毕竟它们的存在感是如此强烈……

我选家具的标准就是能以最少的数量发挥最大的作用，而且得质量好，修修还能用。在这种情况下，要是能遇到一个既谈得来又有诚意的家具商，那自然是最好不过的。虽然这些家具并不奢华，但是它们能让我的家居生活变得轻松惬意。

收纳整理邮件的箱子

我家进了门就是起居室，不管是要去走廊那头的厨房还是工作室，都得从起居室中穿过。带回家的食材和刚从邮箱里取的邮件，在到达各自的目的地之前，落地的第一站都是起居室。

一旦把邮件"砰"地扔到桌子上不管的话，往往过一阵子就懒得收拾了，就那么一直放着。因此，我一收到邮件就马上做分类整理。给家人的就统一收好，转移到工作室的桌面上去；给自己的就立马拆开，看信之前先把空信封扔到垃圾桶里；明信片之类的则要先判断是扫一眼就完还是需要好好珍藏；至于每天都会收到的广告传单，则要大致浏览一遍，清楚想买的东西到底在哪段时间搞活动，自觉地跟日程安排做个比对，能去的话就暗记在心。如此这般，再多的邮件也不会堆积如山。

我之所以不往起居室的桌子上堆东西，是因为那里本是吃饭的地方。虽说如此，偶尔也会在上面办公，但至少在工作完成之后要把桌面清理干净。吃饭的时候看到桌子的一角还堆着书报或是邮件，总让人觉得心里不那么痛快。

在起居室办公时，总免不了要摆上一桌子的东西——纸片、文件夹、资料书和笔之类。我把用完归位也视为工作的一部分，干完活顺手就把桌面收拾了。要想提高整理的效率，可以分类的收纳盒可是个好帮手。像我这样不擅长整理的人，有了收纳盒之后顿觉轻松不少。这也算不得是正经的收拾，只是把东西收在各自的盒子里然后放回原位就好。按照这个方法，房间瞬间就能变得干净整洁——可能只是我一厢情愿地这么认为——虽然没花多少工夫，但只要把同类的物品整理到一块儿，就不会总在找东西上浪费时间。当有时间或是兴致上来的时候，再整理收纳盒内部也不迟。这样可以快速收纳的简单"规则"，对我整理房间的帮助很大。

关于垃圾桶、纸巾盒和棉棒

在我的娘家，每个房间里都有一个垃圾桶和一个纸巾盒。这也是绝大多数家庭中常见的摆设。但在我看来，房间里摆着个垃圾桶，总感觉不是那么干净……它就是角落里堂而皇之留下来的脏东西。"唉，还是接受不了啊。得尽量不要让它出现才行。"

如今我的家里总共只有一个纸巾盒、两个垃圾桶——厨房里有一个带盖子的，卫生间里则是找了一个小筐来充当。令人意外的是，这些已经足够用了。如果确实急用而手边又没垃圾桶时，就暂时用购物纸袋来装垃圾。家里平时留着备用的纸袋其实也没有几个，一用完就连袋子直接扔到厨房的垃圾桶里。我认为生活中最重要的就是不要囤东西——不管是什么东西都不要一攒一大堆。

我也很讨厌花花绿绿的纸巾盒，用专门的纸巾盒套包起来又不怎么卫生，我是不用的。数年来，家中只放一盒纸巾，那个牌子还是用白色纸盒包装的，外观朴素大方。要想家中看起来清爽，关键就是颜色要统一，东西数量要少。此外，卫生间里有不少东西是每天都要用到的，如面霜、棉棒、化妆棉之类。至于如何收纳，我的建议是只把必需品摆在外面。与其把各种瓶子和盒子藏在看不见的地方，不如在用完后把它们都擦洗干净，好好放起来，方便下次使用。例如，不要每次都从装棉棒的盒子里直接抽，而是拿出 1～2 天内要使用的量，把这部分保存在一个小玻璃杯里。虽然量不多，但那种邋遢的感觉一下子就没有了，而且把它们放在每天都看得见的、干净的位置上，空气流通，没有污染，每次取用的时候心情自然也会变得美丽起来。

不管是垃圾桶还是纸巾盒，人们自然认为放在触手可及的地方最方便。但事实是，没有它们也可以活得很自在。有时那些"理所当然"的事情没有出现在自己的生活中，何尝不是一件好事。

我的家里没有微波炉也没有电饭煲。当然，这些电器确实为人们带来了便利，但对我而言，没有它们我也过得很好。是时候重新审视那些曾以为非有不可的东西，自己目前是否真的需要了。

洗衣和扫除

　　如果非要说家务活里有什么擅长或者不擅长的项目的话，那我擅长的是扫除，不擅长的则是洗衣。虽说扫除比较拿手，但实际上做扫除是需要有干劲的，否则坚持不下来。有时候做着做着就变成了整理东西，这个不需要花费那么大的心力。没错，人们总是容易把扫除和整理混为一谈，其实这可是两种不同的家务活。凡是能把它们分别看待的人，家里的卫生状况肯定保持得很不错。做扫除的话就不能不整理东西，对于不擅长做家务的人来说，同时做这两样真的很头疼。我则是优先整理东西。虽然我不是每天都会打扫房间，但来家中做客的朋友总会夸赞说："不管什么时候来你家里，瞧着都是那么干净漂亮！"其实只要把东西整理好，屋里就会看着很整洁，可能看上去就像天天在打扫一样。

　　整理告一段落之后，就到了我最拿手的擦东西时间。这项工作也不费什么工夫，迅速地过一遍就行了。首先从位置高的、污垢轻的地方擦起，再擦床、窗户的边角和垃圾桶，一块抹布就能全部搞定。这块布的前身就是用旧了的餐桌布或者百洁布，也算物尽其用了。平时就把抹布收在一个大布袋里，与其他清洁工具放在一起。用的时候只需拿剪刀剪下一次打扫需要（要扔掉）的部分，这样可以最大限度地利用废旧物品，避免浪费。此外，遇到顽固污渍需要用力擦拭或者漂白时，最好先戴上橡胶手套。若是觉得家务活做着无聊，也可以挑选一些造型可爱的清洁工具给自己提提干劲。

终于到该聊聊洗衣的时候了……我家中常备两个洗衣篮，一个装上衣，另一个装袜子和地垫。至于毛巾类则是随用随洗。先用篮子分好，洗衣时就不用再花时间给衣物分类了。其实应该再准备一个篮子专门放颜色深的衣物……我就数次染花过白色T恤衫。衣服是每天都要洗的，虽然我很喜欢洗衣服（其实是洗衣机在洗），但到现在为止也没喜欢上叠衣服。希望会有一个契机让我转变这种观念。

第 1 章小结

○早晨整理房间有助于让人从"生活状态"转变为"工作状态"。

○当季的水果放在起居室里保存，还能起到装饰房间的效果。

○老家具也应该好好保养，爱惜使用。

○偶尔也要重新审视房间里放的东西是否为必要之物。

○把"扫除"和"整理"看作两种家务。

厨房

水槽边放置的东西简单为好

厨房的水槽边上最好不要放多余的东西。

因为我们要在水槽里刷洗锅碗瓢盆、接水、洗菜。我觉得水槽旁边放一块刷碗的海绵就足够了，其他清洁工具都应该收起来。

放置海绵的空间大小应以正好放下一块海绵为佳。那种可以同时收纳锅刷和洗洁精的置物架并不好用，因为很容易积攒微小的脏物和油污，看起来不干净。每次刷洗完毕之后还需要用洗洁精把海绵在流水下清洗干净，拧干水分后再放回架子上。

存放洗洁精的瓶子最好也是白色的，如果带有标签，应撕掉。水槽边上常备一瓶就足够了。用来清洁水槽和灶台的小苏打溶液装在带有喷嘴的瓶子里，只在做扫除的时候才拿出来。我觉得用来洗刷锅碗的洗洁精和擦拭水槽灶台的清洗剂这两种东西的用途非常简单明确，没有必要留下标签，所以我一般都会撕掉标签，把它们重新装在一个白色的瓶子里，这样就不会碍眼了。

除了海绵之外，我选用的百洁布也是白色的。也许有的人会认为白色易脏，沾上污垢之后特别显眼，用着太浪费了。而我觉得这反而是白色百洁布的优点所在。深色的或是带有花纹的百洁布虽然耐脏，但容易让人误用了脏布。而白色的一旦弄脏了就能立刻发现，马上清洗，不留下污渍。因此，我一直使用白色的百洁布。

无论是海绵还是百洁布，最重要的就是要保持干净。百洁布使用多次后就会变得破破烂烂的，为了清洁起见，也为了在使用中没有后顾之忧，平时家中要常备新的以便更换。总而言之，水槽旁边最好放置简单而且干净的东西。

应及时擦拭调料瓶和灶台

我认为评价一个人厨艺高超与否，不能只看做出来的菜好不好吃，还得关注他做饭的方法和技巧。"安排合理"跟"方法得当"听起来差不多，实际上会安排的人看得更长远一些。做菜的方法暂且不提，倘若做菜的步骤安排巧妙，做好一道菜的同时也能把用过的东西全部整理完毕。这才是理想中的好厨艺。

以前在拍摄的时候，有位编辑这么评价我："渡边女士的特点就是边做菜，边收拾。"其实我并没有留意过这一点，一直认为这是理所当然的事情。但经他一说，确实还就是这样：碗里的食材倒出来后就马上洗碗，水槽边积上水了就顺手拿布吸干，一边炒制食物，一边把溅到灶台上的油花擦干净，等等。

我很在意家中有没有地方被弄脏了，即便在做饭的时候，只要稍有空闲，我就拿着百洁布东擦擦西抹抹……只要水槽里还有没洗过的锅碗，我就心神不宁。等锅坐上了火，哪怕只有片刻空隙，我都会以连自己都感到吃惊的速度利索地把它们洗好。不管怎么说，制作料理的过程中也不会有太多的时间供人休憩。对了，在某次拍摄过程中，我还得到过这样的评价——"没有一个动作是多余的"。可能是从事料理工作的原因，我向来把合理的步骤安排在第一位，而非怡然自得的态度。这在不知不觉中已经成了一种习惯。

在做完菜的同时已经把厨房收拾得差不多的话，饭后的整理就会轻松不少。做菜的时候虽然已经随手擦过了灶台，但洗完碗后最好也把炉架刷洗一下，再用拧得干干的热毛巾擦一遍灶台。如果有些污渍比较严重，像是烧焦的痕迹之类，就用小苏打溶液喷一喷再擦。如果经常擦洗，污渍就很难聚积起来。因此，整理和扫除的工作并没有想象中的那么繁重。此外，用完调料瓶后，要先拿拧干的毛巾把瓶口或瓶身上滴落的污渍擦干净，再收纳好。一旦养成了随手擦拭的好习惯，平日里打扫卫生也会变成一件轻松愉快的事情。应该把整理物品也算在厨艺的修炼之内！

分门别类摆放厨具

　　所谓好用的厨房，就是指在里面行动方便，操作便利。如果料理台上堆满了东西，势必会影响到厨师做菜。为了能得心应手地做出美味的饭菜，最重要的就是安排好东西和步骤。要想在有限的空间内活动自如，就不能让那些使用频率低的物品占据地盘。因此，需要定期查看厨具的配置，搞清楚哪些才是必需品。如果有一个庞大的厨房，里面用具一应俱全，自然再好不过，但在普通人的家庭中难以实现。我家厨房所占的面积就很有限，因此需要经常对食器和厨具的摆放进行合理的规划。最近我几乎不再买新的食器了，原因之一就是家里放不下，收纳空间已经利用到了极致。

　　让人头疼的一件事就是该如何收纳厨具。我家厨房里抽屉少，汤勺、打蛋器、锅铲和筷子放到哪里才不碍事而且易于取用呢？沉重的锅具自不待言，如果把这些厨具也收到柜子里去的话，那就毫无意义了。它们都是在制作饭菜的过程中最常用的重要工具。做菜最讲究的就是要安排合理，炒、拌、捞等动作中都少不了这些厨具的帮助。因此，我把它们放在燃气灶旁边，就在触手可及的地方。这样不仅不会占用多余的烹饪空间，取用也很方便。

考虑到工作效率，我把筷子和木勺等木质品归为一类，喝汤和尝味用的不锈钢汤匙放在一块儿，除此之外的锅铲、打蛋器等不锈钢厨具则装在另一个容器内。如此这般，家中便再也不会出现如下情景了：菜做好想尝尝味道时，才匆匆忙忙地从一堆厨具里面扒拉出汤匙；想把锅里热乎乎的菜盛出来，又得临时找支长柄勺；正在油锅里炸的东西需要翻个面儿，却找不到筷子……

比起收纳在抽屉里，把这些厨具直接摆在外面更方便取用。在此基础上再进行分类，用起来就更加得心应手了。整个做菜过程自然而然变得很顺利。

厨房里需要操心的就两件事情：如何减少无用功及怎样操作才会更省事。

餐具、木质品和锅都要好好晾干

我住过一处非常潮湿的房子，因此导致我对湿气非常敏感。某年夏天我旅行归来，一进屋总觉得家里到处都显得朦朦胧胧的，有种诡异的气氛。仔细一瞧才发现篮子上长满了白色的茸毛；厨房里放着的那些木盘，不管原来是四角形的还是圆形的，现在它们的轮廓都已经变得模糊了……呜呜呜，这就是传说中的霉菌啊！就算再怎么清洗晾晒，还是感觉不那么干净了。原本愉快的旅行却以悲剧收场。

从此以后，我的除湿工作就做得更彻底了。现在住在高层公寓里，已经没有了湿气和霉菌的困扰。不过在把餐具收进柜子之前，我还是会很仔细地做好除湿措施。

特别是装日式菜的那些餐具，即便用干布擦拭之后还是会有湿气残留。因为水分主要集中在底部，所以不能马上摞在一起收进柜子，那样只会让湿气加重。晚上我家一般以和食为主，刷洗完餐具之后先不收起来，就那样摊在桌子上晾干。第二天早上一进厨房就能看到它们沐浴在朝阳之中，那幅景象真是赏心悦目。早上起来后一边烧开水一边整理餐具已经成为我每天的必修课。

值得一提的还有木铲和砧板等木质品。它们受潮的话，会散发出怪味。如果置之不理，慢慢地上面可能还会出现黑色的斑点……因此使用完毕之后，一定要擦干表面的水分，再放到窗边彻底晾晒。阳光下的它们看起来也很让人心情愉快。

刷完锅之后请不要马上盖锅盖，否则看不见的湿气就会黏附在锅的内部，还会散发出难闻的气味。所以要先敞开口晾一会儿。无论是餐具、木质品还是锅，每次用完之后都要仔细擦拭并晾晒，直到手感干爽为止。

备齐保鲜盒和碗具

　　盛放初加工的食材、多余的高汤和偶尔吃剩的小菜等食品的最佳容器，当然非珐琅材质的保鲜盒莫属。它的优点真是太多了。塑料材质的保鲜盒使用久了，边角处就会变得黏黏腻腻的，让人用着很不舒服。而珐琅容器的表面为玻璃质，即便装过油分大的食物，清洗的时候也很容易就能冲掉油污，保持洁净。拿掉盖子后，盛有酱汁的小保鲜盒甚至可以直接放在火上加热，真是非常方便。

　　我最爱用的保鲜盒全部是"野田珐琅"出品的，特别是"WHITE"系列白色珐琅保鲜盒，家中大小号一应俱全。对了，保鲜盒的型号可是非常重要的。小号的使用率特别高，有时还要用到扁平形的容器。野田珐琅所出的各种型号的器具用起来都很顺手，效果超群！每次要用的时候都觉得大小和形状非常合适。据说制造者一向尊重主妇们的意见，从她们的角度出发去确定商品的型号，以满足为一家人做饭时的需要。例如，深口方形的小号保鲜盒，就很适合储存小鱼干和芝麻之类的食品，刚买回来的成袋的直接倒进去就行。圆形的则用来装火腿，大小正合适。当然也有更大号的，可以放刚做好的饭菜。筒状的就用来盛剩下的油或者高汤，再适合不过。无论是摆在厨房里还是存在冰箱里，白色的外观看起来都非常赏心悦目。

同保鲜盒一样，碗和滤水篮也需要备好各种型号。这些都是做准备工作时不可缺少的工具。虽说没有必要买上一大堆，但至少大大小小总得有几个，以便在做菜时满足不同阶段的需要。当然，大号的也可以"胜任"小号的工作，但在处理食材的时候，多用几个小号的碗更加方便。有的碗里装切好的蔬菜，有的用来腌制肉类，每个碗里放的都不同。这样的"分工"非常重要，无论最终或炒或煮，有序的分工能让料理过程变得更加流畅。

做菜时并不是一道一道单独完成的，为了上菜时遵守一定的时间差或者要一齐上桌，经常需要同时制作几道菜。因此，用来盛食材的碗必须够用才行。它们也是安排最优制作步骤时的有力工具。

好使自不用说，收纳方便也是选择保鲜盒和碗具的重要决定因素。不用的时候怎么摆放才不占地方可是一个大问题。用的时候倒不觉得，等到要收纳时，不同厂家生产的器具之间互不"兼容"的情况，曾经让我烦恼不已。明明没有几样东西却占用了很大空间，真是太浪费了。但是，如果使用同一系列的产品就完全不存在这样的问题，尤其是很多碗都能完美地套在一起，真是省地儿又省心。保鲜盒也可以按照大小顺序叠放，盒盖则另取出来，也按大小竖着收纳即可。

保鲜盒也罢，碗具也罢，用与不用的时候都能让人感觉称心如意，才是最好。此外，对于日用品而言，很重要的一点就是品牌带来的安心感，即无论什么时候买它都不会出错。

空瓶也要收纳好

　　不知从何时起，我喜欢上收藏那些吃完果酱或蜂蜜后留下的瓶子。按照我平日里的习惯，这些形状不统一、盖子也是五颜六色的东西都该扔掉才对……可能是它们的某种特质令我的"规则"产生了动摇。

　　装食品的瓶子大多外形可爱，倘若还是广口，就总让人忍不住琢磨：接下来装些什么东西好呢？也可能事实上我就是个"瓶子控"。海外旅行的时候，总是一边抱怨这东西怎么这么沉，一边把各种瓶装食品收入囊中。当然，应当把味道放在第一位的，但"买椟还珠"的事情还真没少干。买果酱时如果口味相同，我肯定要选外形可爱、瓶子还能二次使用的那种。在吃的时候光是看着就很舒服啊。就只有一点，不管瓶子多好看，要是标签很难揭掉，我也不会收藏。在我看来，带着标签的空瓶就只是个"空的瓶子"而已，让人没有二次利用的心情。即便是往里面塞了东西，放在冰箱里也很难辨识出内容物；如果把亲手制作的东西用这样的瓶子装着送给亲朋好友，也会因为"货不对板"而让人兴致大减。

洗瓶子的时候虽然总想着"一定要把标签揭下来",但经常事与愿违……光凭外形和瓶盖上的说明就已经足够解释明白里面到底装了什么,为何还要贴上如此顽固难撕的标签呢?特别是我从国外买回来的那些瓶装食品,外形和盖子都很精巧可爱,就是标签大多难以去除,我这个"瓶子控"只好忍痛割爱。

到了制作应季食品的时候,瓶子们就该派上用场了。想要取用方便,就放在小瓶子里;想要长期保存,就封装在大瓶子里。大小不一、形状各异的空瓶子个个都有用武之地。要送人的东西当然得装在外形讨喜的瓶子里面,精心挑选的瓶子被人取走之后我甚至还会感到有些许失落。我家的空瓶子就这样送人一些又买回来一些,减少后又增加。冰箱里面也放了不少小巧精致的瓶子,光是看着它们就让人爱惜不已。

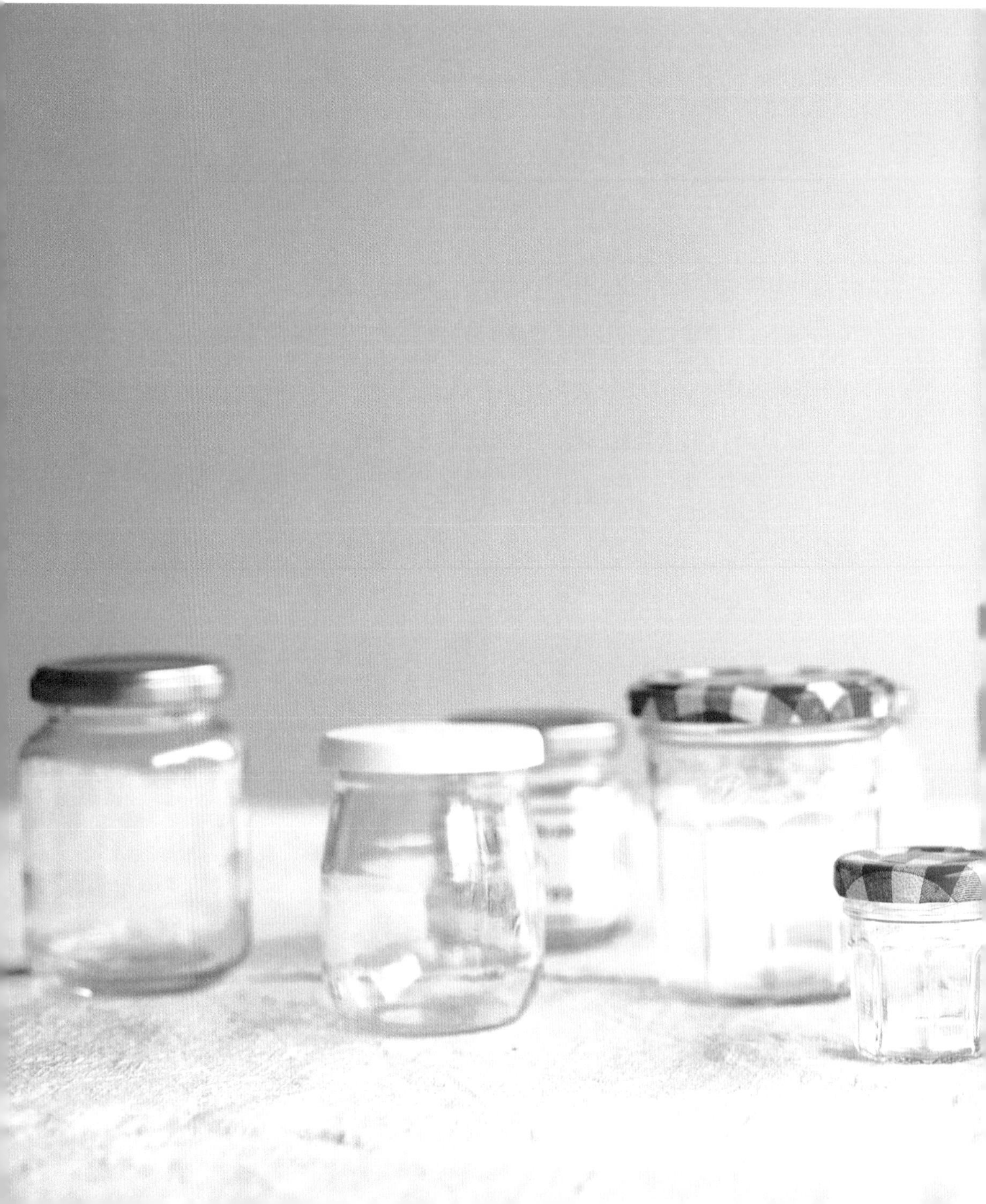

冰箱里需要留出空间

自家的冰箱里都放了些什么，是何时放进去的，这些事情理应很了解才对。但事实上，冰箱深处总会藏有一些说不清道不明的东西。人们总是觉得食品冷藏（冻）起来就万事大吉，什么都往冰箱里面放，看到了也像没看到一样。如果有人突然打开冰箱门，想必会很困扰吧！而我整理冰箱的原则就是——不管是谁打开了我家的冰箱，里面的东西都能让他一目了然。本来冰箱也不是用来塞东西的呀！

不仅是冰箱，也要在厨房的料理台上留出适当的空间。搁砧板切菜的地方自不待言，也得有放置盛食材的碗和盘子、做和面拌菜等准备工作的空间。当然，做好的饭菜也需要有地方放才行。

即便是地方确实有限，也要尝试着慢慢腾出一些这样的空间。做菜的时候行动不受阻碍，料理的步骤得到优化，效率自然就上去了。同理，冰箱中也需要确保有空间，这会在料理食材时发挥很重要的作用。

这就是高效率地做出美味饭菜的关键所在。我平日里就会在冰箱中专门空出一层来放盘子和碗——盘子里装的是初步处理过的肉或鱼，碗里则是拌菜和蔬菜沙拉之类。下锅之前，这些食材就在冰箱里"待命"。此外，制作醋渍蔬菜或者醋渍鱼时，在上桌之前把菜肴放到冰箱里冷藏片刻口感更好。特别是到了夏天，沙拉、冷汤甚至于玻璃器皿最好都放在冰箱里冰镇一下。

不只是经过初步处理的食材，还有半成品、盛饭菜的器皿等，大多经过冷处理后，料理的味道会更好。所以，冰箱也是制作料理时必不可少的"冷却工作台"。

0
6
8

按使用场景来整理碗柜

　　我家的厨房呈"コ"形,一回身就能摸到背后的料理台。占地面积简直像驾驶舱一样狭小,根本没有放置碗柜的空间,于是墙壁上吊着的橱柜派上了大用场。虽然一直担心它的强度问题,但除此之外实在无处收纳。那么,该如何归置这些餐具呢? 其实也没有多少考虑的余地了,只能都堆在一起……最终勉强分出了三大类,各有各的柜门。

　　借着两年前搬家的机会,我大致整理过一次餐具。出于工作的原因,也真是囤了不少东西。有时候来家里拍摄的工作人员会进厨房帮忙拿玻璃杯和碗盘之类,因此我的整理目的不仅是方便家人每日取用,也要照顾到工作人员。

　　以前我是把食器都放在一个长条形的开放性架子上,按照"西餐用"与"和食用"来分类。因为是开放性的,里面的东西一目了然,谁看了都知道是如何收纳的。而现在则要考虑到吊柜的承重能力,只好单独把大盘子收在脚边的一个柜子里,其余的餐具则按照"早餐用""晚餐用"

和"饮料用"分成三类摆放。这次不是按照种类，而是按照使用场景来收纳了。没想到用起来竟颇为顺手，早上开这个柜门，晚上开那个柜门，每次做饭时只用开一个柜门就可以。

盛放早餐用厨具的柜子（见72页下）里面有面包盘、喝酸奶用的玻璃杯、茶壶、奶咖碗和茶叶罐。做晚餐时用的柜子（见73页）里面装的是小钵、分食碟、饭碗和菜碗等，主要是吃和食用的食器。拍摄的时候，如果想喝东西，只需嘱咐工作人员打开距离厨房门口最近的那个橱柜（见72页上）就行——"玻璃杯都在里面哦！"

按照使用场景来收纳是我经过多次试验之后，总结出来的最新也是最合适的餐具摆放方式，不仅有效利用了空间，也能让使用者一看就懂。

沉重的工具不要藏起来

在绝对称不上宽敞的厨房里面，为了确保充足的料理空间，如何收纳厨用工具就成了一个大问题。尤其是那些体积较大的锅和料理机，到底放在哪里才好呢？真是让人烦恼啊。收纳锅具的地盘有限，就只好把煎锅和大大小小的汤锅叠放在一起，塞到柜子的最深处。而这些锅一旦收起来，就再也派不上用场了，总是拿手头现有的工具凑合着使。

最近我又新购进了 STAUB 的珐琅铸铁锅和 VITAMIX 的料理机。它们的功能非常强大，同时也都重得惊人。一旦藏入柜子深处，那就算白买了。于是我干脆就把它们摆在外面，随取随用。

不知不觉间，我做晚饭的时候已经离不开 STAUB 锅了，一次总要同时用 2 ~ 3 个。收起来可不成。为了以后能创造出全新的菜肴，趁手的工具是不可或缺的。

料理机放在显眼处，早上一看到它就会自然而然地琢磨：是来杯果汁还是一份浓汤呢？如果收起来的话，想到要做浓汤就得搬动沉重的机器，八成就打消这个念头了，生活自然也少了一份乐趣。而且有了料理机后，焯过水的蔬菜可以打成沙司，煮过的肉也能变成肉酱，无形之中就让菜单变得更加丰富起来。

虽说这些工具只不过是需要的时候才会用到，但是通过它们能做出各种各样的料理，实在是神奇有趣。既然好不容易买回了家，就应该经常使用，直到你运用自如。这样的工具，才称得上是好用的工具。

因此，请大胆地把这些沉重的工具放在外面吧！

耐用的工具

　　某天妈妈来我家，晚饭的时候她看到我正准备用蒸笼做料理，就用很怀念的语气小声说道："这个，的确还是有点小啊……"这正是妈妈在我这个年龄的时候从中华街买回来的中式蒸笼（见81页）。对于七个人的大家庭而言，这个大小可能确实不够用。即便如此，我还清楚地记得妈妈就是用它给我们做出了烧卖和中式糯米饭等各种美食。现在这个蒸笼的提手有些松动了，妈妈仍然很爱惜地说："先修修看吧！"用完就晾，用完就晾，一直把它收藏在厨房里的专有位置上。虽然有些地方烧煳了，但还十分好用，我们都没有换掉它的意思。

　　我家的铜质小奶锅（见80页），是丈夫以前独自一人生活时就在用的东西。据说还是他奶奶传下来的。他也是用爱惜的语气说道："这个，很可爱吧！"我们每天早上都用它来煮牛奶，做牛奶咖啡喝。想必当年奶奶也是每天都用到它吧。铜质的锅具如果不擦洗，就会慢慢变黑。但是一旦仔细刷干净，就又像新的一样闪闪发亮了。拿在手上就有温暖的感觉传来，这就是老物件的好处啊。虽说把手的位置上也有烧焦的痕迹，但这也正是长年使用的证明。

　　家中的另一个老物件就是每天都要用上好多次的烧水壶（见 80 页）。它是我立志走上料理家之路时，师父送给我的礼物。从那时起就每天都用，到现在已经将近 20 年。到我手里之前，师父也是每天用它烧水。这么说来，它已经是服役数十年的"活跃选手"了。这把水壶全由不锈钢制成，清洁感十足，造型也卓尔不凡，烧起水来更是特别好用，我非常中意。因为用得久了，壶嘴的接缝处有点漏水，我拜托友人帮忙修好。虽说烧水壶要多少有多少，但是我从来没有遇到过比这把更好用的。这些耐用的老物件，本身的机能自不必说，另一个优点就是修修还能继续用。这些从别人手里继承的工具，一面背负着各种记忆，一面还在慢慢成长。自己挑选工具时，也应该把耐用作为一个标准。

第 2 章小结

○日常使用的清洁工具和洗涤用品越简单越好。

○随手的清洁工作非常有效。

○餐具和厨具每次用完之后都要好好保养（除湿）。

○收纳餐具要做到一目了然。

○沉重的厨房用品用不着收起来，应该放置在显眼的位置上以便

　每天使用。

CHAPTER 3

料理

小小的茶杯和玻璃杯

可能是因为糯米圆子、面包或吐司的面坯都是越揉外表越光滑，口感越柔和，所以我总是喜欢搓个没完。我很明白自己对这些圆圆的东西没有抵抗力，但没想到不知不觉之中我还喜欢上了小小的玩意儿。等回过神来，同样的小陶瓷杯（见 89 页）和小玻璃杯（见 88 页）就已经收集了一大堆。虽然总被人提醒："怎么又买这样的东西？家里不是已经有一大堆了吗！"但我总是自顾自地辩解道："这个和那个还是不一样的……"陆陆续续一共买了 6 个回家。曾经有一次，我的朋友出于拍摄需要，搜集到了一些小小的白色陶瓷茶杯。没想到用它们盛了浓汤之后出来的效果如此惊艳，我当场就问朋友："这是从哪儿买的？"然后立马下了订单。

有人肯定要问了，为什么如此偏爱小小的杯子呢？首先，它们自然是用来喝咖啡和茶的。因为我家里经常会来很多客人（拍摄或是搞朋友聚会），托盘上放一个茶壶和数个小杯子就足够他们随喝随取了。换成大杯子的话，添水的速度永远都赶不上喝下去的速度。而且可能会因为忙于工作或聊天而顾不上喝，茶水容易变凉，然后就剩下了。所以我觉得小杯子能让人在口渴的时候喝上暖暖的茶水，更加实用。其次，日式茶碗只能用来喝茶，相比之下杯子则没有那么多的限制。可以盛酸奶，可以装甜品，至于果酱、蘸料、酱汁、浓汤之类的更不在话下。再配上各自搭配好的小盘子，看起来相当精致可爱。

小玻璃杯在我家也能派上大用场，装冰茶或者碳酸水的都是它，有时还用它喝喝小酒。小玻璃杯跟果冻和脆脆的沙冰也很搭。玻璃薄而温润的触感也让人爱不释手。无论是茶杯还是玻璃杯，小个子都有大能量，它们是日常生活中不可或缺的好帮手。可能以后我还会购进更多的小玩意儿吧！

就是对喜欢的东西没有抵抗力呢，这也是没有法子的事情……我又开始自我安慰了。

凑齐餐具的方法

经常去巴黎旅行的那段时间里，我最喜欢做的事情就是在小餐馆里悠闲地吃顿饭，以及去露天集市和百货商场的食品区选购蔬菜和水果。一到周末，必逛的地方就是跳蚤市场了。流连在各个摊位之间，遇到喜欢的东西便拿起来细细把玩，想买下的话就会跟摊主讨价还价。虽然也不是次次都能如意，但我很享受这个过程。

与盛装和食所使用的器皿不同，西餐具基本上都有固定的大小和用途。放甜点的盘子最小，比它稍大些的就是早餐用的面包盘，略深些的是汤盘，正餐里还有专门用来盛肉的盘子。因为要专盘专用，一般家里需要备上 4 ~ 6 个。但在跳蚤市场上买盘子就得碰运气了，很难一次性就凑齐整套。不过把它们一个一个搜集起来的过程也是蛮有意思的。这些花了很长时间才最终聚在一起的盘子在细微之处可能略有差别，但大小都是配套的，毫无违和感。这些微小的差别反而赋予了它们不同的"个性"，摆在桌子上一点都不觉得单调。即使同样是白色，有些是温暖的白，有些则是冰冷的白。随着季节的变换使用不同的盘子，也是很风雅的一件事。

我看到样式精致的西餐刀叉也会买回来慢慢凑成整套。当然，如果正好能遇到一套齐全的就再好不过了，一般能有 4 ~ 5 把叉子我也会立即买下。各式各样的盘子和叉子背负着我的旅途回忆，以这样的形式在我家的橱柜里会合。

和式餐具我则是非 5 ~ 6 件套不买。宽口盘子和大碗姑且不说，其他类型的和式餐具样式实在是太多了。就算看中了某一款，倘若只剩下一个，我也会果断放弃。因为确有教训在先——只买了一个，结果与其他碗盘的风格都不搭配，只能待在橱柜的角落里无限期停用。每次看到它我都会想：哪怕再找到一个同款的也好啊！

总而言之，西餐具与和式餐具的收集方式还是有各自的规律可循的。

家中常备的调味料和方便食材

　　以前给我出过书的某位女编辑对我说起过她"做什么菜都是褐色的"。一问之下才知道她家酱油的消耗量很惊人，不管做什么菜都习惯性地往里添酱油。于是联想到自身——我最爱用什么调料呢？想了半天，只能说是盐了。做凉拌菜的时候放橄榄油和盐或者芝麻油和盐，煮汤就放料酒和盐。

　　外出旅行的时候我也爱买各种各样的盐，不过经常用的就两种：法国产的 CAMARGUE 粗盐及日本产的细盐，它们各有分工。加工半成品时，粗盐可以提味儿；想让菜肴的咸味更突出时，就在最后加点粗盐。细盐则主要用于制作饭团或者烤鱼，也可以用在汤中调味。仅次于盐的常用调味品就是油了。我家中常备的是橄榄油和芝麻油。橄榄油带有果香，口感柔和，是调味佳品。但是，它的品种实在是太多了，我经常处于寻找和尝试的状态中。芝麻油在我的料理中登场次数也不少，因其香味醇厚，是制作拌菜和酱汁时不可缺少的元素。最近我爱用太白牌白芝麻油，因为它香气清淡，清爽感一点也不逊于橄榄油。既然说到"白"了，我这段日子也经常用到白醋。它没有颜色又味道酸甜，是制作沙拉和醋渍食品的利器。夏天制作冷饮时也可加入少许白醋，吃起来更加爽口，有利于消除疲劳。

说起来家中常备的方便食材，不知不觉已经是豆制品的天下，除此之外就只有小鳀鱼干了。这两种食品都不比干货耐放，保质期往往只有一周左右。这种意义上的"常备"我反倒觉得恰到好处。当菜单上还差一道菜时，用豆制品总没错。豆浆可以配鲣鱼汁做成高汤；蒸好的大豆可以配着小松菜或者菠菜用黄油炒着吃；油豆皮就更不用说了，不管是烧着吃、煮着吃、拌着吃都很受欢迎。大豆既不夺味，在味道、营养和饱腹感上又能得到高分，实在是不可或缺的常备食材。再说回小鳀鱼干，它能单配米饭吃，又可以用在拌菜、炒菜和煮汤中增加咸味、提升鲜度，堪称"无名英雄"，对我的帮助丝毫不逊于大豆。

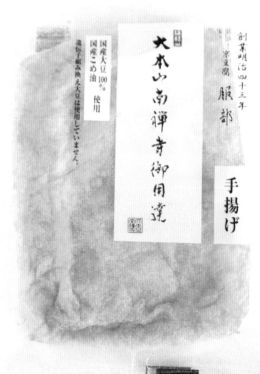

豆乳

三助

大本山南禅寺御用達

国産大豆100%
国産こめ油 使用

遺伝子組み換え大豆は使用していません。

創業明治四十三年
御菓鶴 服部

手揚げ

买菜因日而异

当拍摄的工作告一段落后，我习惯出去买晚饭要用到的食材，也算是一种转换心情的方式。有时候就步行到附近常去的大卖场，有时候开车外出办事时，也会顺便逛一下平时不怎么去的超市。货比三家，边看边买。我早上一般只去采购拍摄用的食材，挑选的时候光想着工作上的事，根本没工夫考虑晚上吃什么。工作结束后就切换到家庭模式，终于可以慢慢琢磨晚上要吃的菜了。

首先浏览一下都有什么蔬菜，看到中意的就先放在购物篮里。至于选什么全凭当天的心情和食欲决定。确定好用于主菜的蔬菜分量之后，再去挑选与之搭配的肉类和鱼。如果只剩下叶菜之类就把它作为副菜，暂且先选一种，然后以肉和鱼为中心确定当晚的菜单。大致逛完蔬菜区后，就要去卖鱼的地方转一转。倘若遇到了看起来既新鲜又美味的品种，那么晚餐的主菜就它了！如果没有中意的，那么主菜就以肉为主。当然了，要是一连四五天都吃鱼，那也够呛。一旦确定了主菜，那就再回到蔬菜卖场，一边回忆家中已有的蔬菜，一边物色今天晚上打算用到的食材。家里有的自然就不必再买了。我的习惯就是根据当天的情况来决定晚上的主菜。当然，每个人有每个人的做法，就我而言，则是希望能从工作需要而"不得不买"的食材中"解放"出来，不受任何约束，只用专心看着食材自顾自地琢磨"想吃什么""想做什么菜"。这也是转换心情的一种方式。有时看到某种食材，就会冒出来"今天尝试下这个吧"之类的想法，然后就开始在脑子里想象各种搭配。其实最终还是切换到了工作模式……

　　要吃就吃那日、那时最想吃的食材；要用就用当天亲眼所见的、新鲜美味的食材——这就是我的理念。最重要的就是"看起来很好吃"的眼光和心情。这样一来，准备晚饭就没有那么让人心烦了，甚至还有几分乐趣在其中。

某日的菜单①

豆苗水饺

材料（2人份）：
猪肉馅 120 g
豆苗 40 g
香菜 1 把
饺子皮 20 张
香菜根 1 把
生姜（切薄片）2 片
调料：
生姜 1 块（榨汁）
绍兴酒 2 匙
粗盐适量
黄砂糖 1/4 小匙
芝麻油 1 小匙
做法：
①豆苗、香菜切碎。
②把①倒进猪肉馅，再加入调料，然后充分搅拌，使其混合均匀。
③取适量②放在饺子皮中间，包好。
④锅中放足量水烧开，再加入香菜根和生姜片，③中的饺子下锅分成 2 次煮。等饺子漂浮起来之后再煮 1 分钟才算熟透。
⑤带汤盛入碗中，可加自己喜欢吃的酱汁。

西红柿炒鸡蛋

材料（2人份）：
西红柿 1 个
鸡蛋 2 枚
鲣鱼高汤 $1\frac{1}{2}$大匙
盐、黑胡椒各适量
芝麻油 1 大匙
做法：
①西红柿切块。
②把鸡蛋搅打成糊状，并加入盐、黑胡椒和鲣鱼高汤搅拌均匀。
③炒锅内倒入芝麻油烧热，将①放入锅内快速翻炒一会儿，再把②也倒进去，用木铲将它们充分混合，鸡蛋炒松软后即可关火。

蚝油鸡胗

材料（2人份）：
鸡胗 240 g
生姜（切薄片）2 片
调料：
蚝油 2 小匙
酒 2 小匙
酱油 1 小匙
黄砂糖 1/2 小匙
香叶 1 枚
芝麻油 1 小匙
做法：
①洗净鸡胗，在清水中浸泡 20 分钟后控干水分。如果单个鸡胗过大可以切成两半。
②把①与生姜、香叶和调料汁混合，腌制 20 分钟以上。
③小锅内加入芝麻油烧热，然后把②连同腌制用的调料汁一起放入锅中，盖上盖子，中小火煮开。待汤汁快要收尽时再开盖搅拌均匀，接着焖片刻。

芸豆丝拌核桃碎

材料（2人份）：
芸豆 20 根
核桃 30 g
黄砂糖 1 小匙
酱油 1 小匙
做法：
①芸豆焯熟，放在笊篱中控水，放凉后一切两半，然后再纵向剖开。核桃切碎。
②把①中的两种食材盛到碗里，再加入黄砂糖和酱油，晃动碗使其混合均匀。

某日的菜单②

蛤仔蒸油菜

材料（2 人份）：

蛤仔（带壳）250 g

油菜 1 捆

大蒜 1/2 瓣

红辣椒 2 根

白酒 2 大匙

橄榄油 1 大匙

做法：

①让蛤仔吐干净沙，再把外壳刷干净。油菜横切成两半。大蒜磨成蒜蓉。红辣椒斜切成段。

②锅中倒入橄榄油、白酒和①中的食材，盖上锅盖用中小火煮 5～6 分钟。

③待蛤仔张开壳后，再用锅铲翻炒几次使食材充分混合。此时可以先尝一下味道，如果偏淡，可适量再加一些盐调味。

花椒炸对虾

材料（2 人份）：

对虾 140 g

猪牙花粉（淀粉）2 大匙

花椒粉适量

凉水适量

食用油适量

粗盐适量

做法：

①对虾洗干净后擦干水分，撒上淀粉和花椒粉。喷上少许凉水后再裹一遍淀粉和花椒粉。

②在煎锅中倒入少量油加热，用中火将对虾炸至酥脆。出锅后吸掉多余油分，撒上粗盐装盘。

白酱拌豌豆

材料（2 人份）：

豌豆荚 10 根

绢豆腐 100 g

白芝麻 $1\frac{1}{2}$ 大匙

黄砂糖 1 小匙

淡酱油 1/2 小匙

盐少许

做法：

①用厨房纸把豆腐包起来静置片刻，吸去多余水分。

②用木铲把①碾碎后再加入调味料搅拌，直到变为糊状。

③豌豆荚去筋，在加有盐的开水中焯 2 分钟，捞出后在笊篱中摊开放凉。然后对半切开，用厨房纸吸去水分，再斜切成两半。

④将②中做好的白酱与豌豆拌在一起。

小茴香炒莲藕

材料（2 人份）：

莲藕 250 g

鲣鱼高汤 60 mL

茴香粉 1/6 小匙

粗盐适量

芝麻油 2 小匙

做法：

①莲藕削皮，对半切开后再竖切成条状。接着放在醋水中浸泡片刻去除涩味。捞出后控干水分。

②在炒锅中倒入芝麻油加热，将①倒进锅内充分煸炒。然后撒上茴香粉和粗盐，再加入鲣鱼高汤，炒至收汁为止。

剩余的蔬菜做成汤

　　虽说每次做饭时都尽量把菜用完，但多少还会剩下一些边角料在冰箱里。像是半根胡萝卜、半颗洋葱、带有叶子的半棵西芹、2～3棵小松菜、半块西葫芦、几颗西红柿之类的。总想着再做什么菜时把它们用掉，但往往视而不见，结果没几天就在冰箱里坏掉了。这种情况反复出现多次后，我突然想到：可以把它们归拢起来做成杂烩汤啊！心情顿时豁然开朗。

　　如果剩下的是西芹、洋葱、西红柿、胡萝卜和芜菁之类的块茎类蔬菜，那就最好把它们切成块，做成意式蔬菜汤（见109页）。制作这道汤没有任何复杂的步骤，只用把食材切好了丢进锅里就行。家里还剩有培根的话，最好也加些进去，会让汤更加美味。接下来依次放入一片桂叶和两撮粗盐，再撒入少许橄榄油。然后把锅中的材料搅拌均匀，盖上锅盖用小火煮制。为了充分熬出蔬菜的精华，需要耐心等待——这也是做这道汤的关键。待锅内食材的香味飘出来之后再加入适量水，还要盖上锅盖煮一会儿。最后加入盐、胡椒和橄榄油调味。如果恰好有刚烤好的面包佐餐,那可是相当像模像样的一道"主菜"了。

如果剩下的是菠菜、荷兰芹和大葱之类的,那做一道绿色的浓汤(见108页)也不赖。先用橄榄油把所有的食材蒸熟,目的也是浸出蔬菜的精华。然后加入一点点香辛料和盐,用水煮开后放入搅拌器打成浓汤。最终的汤色看起来像毛线一样温暖柔和,而且每次做出来的颜色都不重样。从这个角度想的话,做菜真是蛮好玩的!口感也是次次都不同,与这样的料理相遇的缘分,可能一生只有一次罢了。一边搅拌着锅里的食材,一边就忍不住偷着乐——感觉自己好像变成了"魔女"一样。再往锅里看的时候,那些剩菜已经不再仅仅只是"剩菜"了。这个过程是如此有趣,我决定今后还要继续研制出更多的"魔法剩菜汤"。

简单的家常菜

　　我家没有固定的主菜，一般都是组合现有的食材或即兴创作一些菜品。即便是常吃的咖喱、饺子和春卷这类，也会根据季节使用不同的食材，算不上固定的花样。有时随意的组合反而制造出了意想不到的美味，从未用过的原料也会带来新的口感。迄今为止，真正意义上的家常菜也就是"西蓝花拌小杂鱼"（见 113 页）和"浇汁茶碗羹"（见 112 页）这两样了。发愁吃什么的时候做这两道菜总不会错。

　　家中常备的小杂鱼干、海苔和芝麻等食材搭配西蓝花吃非常美味，作为副菜来讲分量也很足。浇汁茶碗羹则做法简单，只要有鸡蛋和高汤就能搞定。虽说没什么花哨的配菜，但是口感嫩滑，在天冷的时候吃起来既暖胃又暖心。即便身染微恙，这样口味温和的小菜也是开胃良方。如此说来，所谓的家常菜，无非就是家中常备食材的各种组合罢了。除此之外，所需要的就是当时的即兴发挥了。

西蓝花拌小杂鱼

材料（2～3人份）：

西蓝花1个（小）

小鳀鱼干3大匙

韩国海苔（切碎）1/2张

白芝麻碎1大匙

芝麻油 $2 \sim 2\frac{1}{2}$ 大匙

粗盐适量

做法：

①把西蓝花掰成小朵，花茎剥去厚皮，竖切成薄片。锅中加足量水烧开，撒入适量盐，西蓝花放进去焯2分钟左右后捞起控水，摊开放凉。

②把①和鳀鱼干放入碗中，撒上芝麻油、海苔和白芝麻碎，将食材充分混合均匀，再加入粗盐调味。

浇汁茶碗羹

材料（2人份）：

鸡蛋1个

调料A：

鲣鱼高汤（凉）200 mL

甜料酒1小匙

淡酱油1/2小匙

盐2小撮

调料B：

海带鲣鱼高汤150 mL

甜料酒1/2小匙

淡酱油1/2小匙

盐1小撮

淀粉2小匙

紫苏穗适量

做法：

①鸡蛋打入碗中，加入调料A慢慢搅拌，混合均匀后过滤一次，再静置片刻。

②将①缓缓倒入食器，盖上盖子。

③待锅上汽之后，关火。用湿布把盖子包紧将②放入锅内再拧开火。大火蒸1分钟后再转为微火蒸25分钟。

④把调料B倒入小锅，再加入用成倍的水化开的淀粉，沸腾后关火。

⑤把④浇在③上面，放上紫苏穗做点缀。

创意快手开胃菜

　　偶尔与友人外出吃饭是挺不错的，可以边吃边聊，悠闲地度过一段愉快时光。不过说实在的，还是在自己家里吃最痛快。一年四季都有朋友来我家里开"吃饭会"。说是"招待"有些过于严肃，朋友们来了都会帮我洗洗菜，搭把手什么的。大家围坐在一起吃饭，气氛真是好得不得了。虽说如此，我这个做饭的还是得忙个不停，没有工夫坐着好好聊天。如果这个时候能迅速做出几份开胃菜，可以先跟大家一起干个杯，那就太好了。

　　要想做出这样的快手开胃菜，首先要考虑的就是季节性。拿出当前、当季最好吃的菜肴，方能显示出主人家的诚意。其次，就是要搞一些在普通人餐桌上很难见到的、让人意想不到的组合，如把水果加入其中，就会让颜色搭配更加艳丽。有时候就是要挑战一下比平时出格一些的东西才有意思。

　　还有就是不要光做冷盘，也要准备几道带着温度的开胃菜。比如，把时令菜做成天妇罗就很不错。秋季和初冬时节，可以把白果和小慈姑快速过一下油，撒上粗盐就能吃了……深冬则推荐用花椰菜和芽甘蓝，绝对是下酒的好菜。可能是油炸的食品能够更好地封存季节的味道吧。可能有人会觉得油炸特别麻烦，但其实只用在平底锅里放少许油就能炸好这些开胃菜。

开胃菜的一大好处就是可以把水果加入其中。春天的草莓、覆盆子、葡萄柚，秋天的柿子和洋梨都很适合搭配蔬菜和生鱼片之类的水产食材。此外，使用一些与平时的颜色和味道稍有不同的蔬菜也很能增加菜品的趣味。例如，黄色的胡萝卜、红色的水萝卜和芜菁之类，只用把它们切片腌渍起来就是很漂亮的一道菜。哪怕只是把调味的芝麻换成坚果碎，都能让客人体会到主人的殷勤用心。

最后要注意的一点就是，无论是通过浇汁还是搅拌做出来的菜，都不要直接拿着碗上桌，而应当用盘子盛好。在摆盘上下的功夫，就足以证明这是一道很有诚意的开胃菜。

醋拌萝卜沙拉

材料（易做的分量）：
水萝卜 1/3 根
水果胡萝卜 1 小根
盐 1/4 小匙
白醋 1 大匙
橄榄油 1/2 大匙
做法：
①水萝卜竖切成四等份，再切成薄片。水果胡萝卜切成圆形薄片。
②把①倒入碗中，撒上盐搅拌入味后再倒入白醋，同样稍等片刻待其入味。最后加入橄榄油拌匀。放入冰箱冷藏后食用更佳。

间八鱼拌草莓

材料（易做的分量）：
间八鱼（其他鱼也可）刺身 160 g
草莓（小颗）100 g
粗盐适量
橄榄油 1 大匙
紫苏穗适量
做法：
①把间八鱼刺身改刀成适合入口的大小。去掉草莓蒂，每个切成 2 ~ 3 块。
②把①中的食材混合在一起，浇上橄榄油，撒上粗盐混合均匀，再放上紫苏穗做点缀。

牛油果拌坚果碎

材料（易做的分量）：
牛油果 1 个
混合坚果（杏仁、开心果、腰果等）
30 g
橄榄油适量
粗盐适量
做法：
①坚果磨碎后铺在盘底。
②把牛油果切成适口的大块，放在盘子
上，再撒入橄榄油和粗盐。

慈姑炸白果

材料（易做的分量）：
慈姑（小颗）1 包
白果适量（带薄皮的）
食用油适量
粗盐适量
做法：
①用中温油分别炸制白果和慈姑，炸好
后去掉白果的薄皮。
②吸去多余油分，撒上粗盐。

四季的工作

　　学生时代总要经历入学、毕业、考试和校园祭等活动，即便没有专门留意过，也多少有些时间节点的概念。而步入社会成为大人之后，一年到头也就只对新年这个时间节点比较敏感了。虽说每日都为各种工作四处奔忙，但到了某个季节，某些事情就必须得去做。也算是大人才会去留心的事吧，或者说是自娱自乐。这就是四季的工作——只能在某个季节里进行的、储存食物的工作。

　　其中最有代表性的自然就是腌梅子了。从青梅上市的 6 月上旬开始，我的一颗心就蠢蠢欲动起来。为了做好这项工作，我都恨不得把 6 月至 7 月的时间全部空下来，一心只扑在梅子上面。当然这是不现实的，我只能从其他工作中抽出空闲，再从空闲中抽出时间去腌梅子。从青梅上市到熟透的黄梅下市这大约一个月的时间里，我不停地忙这忙那——梅膏、梅子味噌、乌梅汁、梅子酒、梅干、梅酵素……去年我有幸得到了一位制梅名家的指导，他已经有 70 多年腌制梅干的经验了。在学习的过程中，我惊讶于这门手艺的复杂。"我工作了这么多年，从来没有做出过两颗味道相同的梅干。"制梅名家这样说。其中深奥由此可窥一斑。这反而让我更加期待可以制作梅子的季节。

至于其他的季节性工作，自然就是春天用大锅煮竹笋，夏天腌红姜、山椒和藠头，冬天做味噌，以及熬制金橘和柚子的果酱、糖浆之类。制作的过程真是其乐无穷啊。

不仅做这些季节性的食品开心，做好后分送给亲朋好友也是一大乐事。自己一个人吃着固然香，但一想到能跟很多人分享，做起来劲头就更足了。我身边也有不少朋友喜欢做这些腌制食品，大家经常在一起互相换着吃，颇有些王婆卖瓜、自卖自夸的味道。这种感觉还挺奇妙的。

还有很多腌制食品我还没有做过，像盐渍樱花、柚子胡椒，等等。看来往后四季要做的工作是越来越多了啊。

伴手礼清单

在跟合作伙伴开会或者拍摄的时候，我经常会收到伴手礼。大多数都是吃的东西，有的是久闻大名的特产，有的是从没听说过的美味，能有幸尝到这些我非常开心。更不用说有的居然正好是我一直想吃但总是没机会亲自去买的美食。我为别人挑选伴手礼时也会从这些方面考虑。

选择伴手礼时，东西新奇与否并不重要，重要的是要怀着为对方着想的心意，选择那些自己平时也爱吃的东西，并且愿意把自己享受美味的心情与他人分享。同时也要考虑到对方的身份或者身处的环境，尽量不要选择那类当天必须吃完的食品。

当然，要是事先得知可能会与很多人一起品尝的话，那么选择蛋糕、和果子之类现做现吃的食品也是可以的。只需注意份量不要给别人造成"压力"就行。如果要去一个平时就会收到很多伴手礼的工作场所，我一般会选择比较耐放的曲奇饼干。

比如，IL PLEUT SUR LA SEINE 出品的咸味曲奇（见 125 页上）。

它不仅可以作为茶点，也能用来下酒，所以很受男士们的欢迎。我也经常带着这个去拜访那些不怎么爱吃甜食的人。

还有山本道子的店出品的大理石曲奇（见 125 页下），它的味道也不错。有巧克力和抹茶两种口味。带着大理石花纹的曲奇又薄又脆，是下午茶必备的甜点。而且它独有淡粉色的包装盒，女性朋友们收到后都特别喜欢。

要说有哪一种伴手礼能符合所有人的口味，那就首推 MATTERHORN 出品的年轮蛋糕了（见 124 页）。它的切工独特，每一片的厚薄都恰到好处。有小孩子的家庭自不待言，作为工作慰问品也深受大家的喜爱。

伴手礼就是应该选能让对方一直喜欢你的东西。因此，最最重要的就是想把自己认可的、觉得好吃的东西与对方分享的心意。

旅行与美食

我经常外出旅行。在 30 岁之前，总是觉得见世面的机会难得，怎么也得停留一阵子才行，往往一住就是 2 个星期左右。有一次甚至专门租了一间公寓住了 6 个星期。每天也没有什么可忙的，吃完早饭后就出门散步，去市场上看看各种食材，有时在美术馆溜达半天，到了傍晚就早早地回家做饭。就是这种惬意的度假方式。

而近年来则是偏好短期旅行，一般就住 1 ~ 2 晚，最多不过四五天。也不再早早就制订旅行计划了，属于感觉来了立马就出发的类型。能去就去、想走就走的旅行方式在某种意义上说可能有些奢侈。其实你现在看到的这段内容，就是我在旅行途中写下的。一周前突然来了兴致，就踏上了旅程。在最好的季节，出门吹吹最舒爽的风，让人忍不住想大口呼吸。当眼前的景色发生了变化，迎面吹来的风发生了变化，心情自然而然也会变得不同。

旅行的意义就在于此。我基本上不去所谓的观光景点。当然，能成为景点的地方自有它的魅力所在，但对我而言，当地的风土人情就足够我享受的了。我的兴趣点在于品尝那里独有的食品，了解当地的食材和料理特色。比如，上市场逛逛，看看有什么可以现吃的；去饭馆里坐坐，品尝下专业厨师的特色料理；离开的时候再搜寻一些可以带回家的食材……就是这样周而复始。

在路上，我总在琢磨风土与食物之间割舍不断的关系。那片土地，以及那片土地上出产的食物，都得益于当地的气候和水土状况。虽然明知这一点，但是亲身感受时还是觉得不可思议。有些东西真的只有在本地吃才好吃。那些专门买回家的美食在第二次吃的时候，经常会让人有"咦？怎么是这种味道"的感慨。口感和食欲都发生了变化，已经没有了在当地吃的时候那份激动的心情。仔细想想也是理应如此，特色美食还是当地的最佳。这也是旅行的魅力所在，让人欲罢不能。

在秋天结束该为冬天做准备的时候，我踏上了去会津的旅程。很期待能在深秋的会津遇到美妙的食材。这个时候山林已被红叶点染，倒映在湖面上的秋光十分醉人。

正在山间的小路上走着，前面出现了一处大房子。我的目光被房檐下吊着的萝卜和柿子吸引。走近一看，发现它们一个个都被整整齐齐地

捆在绳子上。柿子的皮被剥得干干净净，就像机器做出来的一样。我都看入迷了：要是自己也做这么多，得花多大工夫啊！做准备工作真是不容易，而且准备工作的质量直接关系着最终成品的好坏。从手艺上看，这家人平时肯定没少做这些，让我更加深刻地了解到做准备工作的重要性。我寻思着：萝卜晒干了之后要做成什么呢，柿子是晒干后直接吃吗，还是说当地有什么独特的制作方法？正好主人在家，我就跟他问起了这些事情。据说前不久晾晒的食材更多，把房前房后都挂满了。晒萝卜则是为了做腌萝卜干。这家的女主人特别擅长做这个，当家的自不用说，周围的邻居也是每年都盼望着吃到她亲手做的美味呢。大家都夸她是腌萝卜的行家，她也自然没有辜负过人们的期待。说得我都想尝尝这位行家做的腌萝卜干了！

接下来，我又去一位朋友家做客。他家门前有一棵大银杏树，金黄色的叶子闪闪发光。更关键的是，已经掉了一地我最爱吃的白果！朋友说："随便捡！"于是第二天我就带着塑料袋又来了。话说回来，这还是我人生中头一次捡白果，真没想到居然在旅途中还会有这样的体验。一捡起来就一发不可收拾，真是其乐无穷啊。以前一到秋天，我就买回来一大堆囤着，这回自己捡的更添一份美妙滋味，真是送给自己的最棒的伴手礼。

　　每到一个新的地方，我必去的就是菜市场和路边的集市。在那里寻找当季的食材，然后带回家挨个尝试。如果是从未遇到过的食材，则会先向当地人请教料理方式，再尝尝地道的风味，最后带回家探索适合自己的味道和做法。

　　在回家的路上我一直在想：在旅途中遇到各种各样的食物，也等于在邂逅各式各样的人。

第 3 章小结

○重视自己"觉得好吃"的想法，当天吃什么由自己的眼光来

决定。

○剩余的蔬菜可以做成汤。

○用应季水果做开胃菜非常便利。

○伴手礼还是选择自己平时爱吃的东西比较保险。

○旅行就是要吃当地美食。

服饰 CHAPTER 4

早晨的习惯

　　早晨起床之后一般都做些什么呢？想必每个人都有自己的习惯，如何消磨这段时间也能反映出人的个性。到目前为止的采访中，我曾数度被人问起"早上是怎么过的"，针对这个问题，我也有过各种答案。所谓的如何度过早晨，可能就是一些每天都会做的事情、必须做的事情、非偶然的事情吧。如此看来，研究早上做什么也挺有趣的。我也能理解记者们向很多人问起这个问题的初衷了。即便没做什么大不了的事情，这也算是一种早晨的习惯。那么，我是如何度过清晨时光的呢？

　　首先要打开窗户换换室内的空气。即便在寒冷的天气里，我也想让密闭的屋内有空气的流动。然后就是饭前刷牙。当然，吃过早饭后也要再刷一次。接着去厨房烧开水。在等待水沸腾的这段时间里，我一边把晾了一宿的食器收好放回原位，一边琢磨早餐该做些什么好。我家没有固定的早餐菜单，都是根据当天的身体状况和心情临时决定吃什么。水烧开后，就倒上一杯白开水，坐在窗边稍事休息。喝喝水，看看天，或是瞧瞧车流，下雨天就顺着雨水坠落的方向望向远方。一面放松眼睛，一面在脑海中整理这一天的安排，哪些事情是必须在中午前就得完成的……最近我爱上了喝白开水。以前喝的是粗茶，但是感觉身体有些吃不消了，干脆直接喝水。水能被身体缓慢地吸收，恰到好处的温度在早上最先温暖人的身心。白开水虽然无色无味，但是口感清爽甘美，喝水这件小事都能让整个早晨变得美好起来。

在吃早饭之前，我习惯先放松一会儿。其实早上还有很多事情等着我去做。本来早早起来就是为了让一天之中最重要的清晨过得充实才对。特别是对于那些很会打扮的人来说，更是一天之计在于晨。在我的憧憬与想象之中，那些漂亮的女子肯定是把清晨时光过得像花儿一样美好。

我经常天不亮就起床，然后手捧一杯白水坐在窗前远眺，等待着黎明到来，朝阳升起。喝完水后起来舒展一下身体，把着急的活儿先解决掉——要高效率地利用好自己的时间。搞定后就可以慢慢琢磨早饭该做什么了，一边做几个放松动作，一边走进厨房。对了，要是时间充裕，躺在浴缸里自在地读一会儿书也是早上的必修课。吃完早饭后收拾房间、打扫卫生、洗涤衣物。做完这些正好是七八点钟的话，那就算得上是一个完美的早晨。我一面期待着每个早晨都能这样愉快地度过，一面不断努力以实现这个目标。

什么时候才能拥有理想中的早晨呢？

回头审视一下自己早上都习惯做什么，该如何利用好这段时间，也是很有意义的。

沐浴时间与护肤品

　　既然从事了与料理有关的工作，我基本上就告别了那些用在身上的带有香味的产品。平日里连护手霜也不能涂，更不用说味道明显的香水了。虽说如此，工作结束后为了调整心情，还是会用到少许带有香味的东西。其中有些气味丰富、芳香可人，能让人消除疲劳放松下来，我很喜欢。

　　泡澡是最好的放松方式之一，偶尔也要搞点小奢侈。在浴缸里滴几滴沐浴用精油，香味就会随着水蒸气散发到空气中，整个房间都被若有若无的芳香包围着，情绪很快就舒缓下来。含有香味的湿润空气让人忍不住想做几个深呼吸，再带上一本看到一半的书，泡个香香的澡，令这次沐浴比平时多了几分惬意。我有时用精油，有时也用带有香味的肥皂（见 145 页右及中）。一旦发现了自己喜欢的味道，就会买上一两个先囤起来。有些包装盒也很精致，不管是自用还是作为礼物或回礼都挺不错的。洗完澡后如果时间还很充裕，我会从脚开始做一个精油按摩。现在用的这一款（见 145 页左），芳香之中还带有一丝甘甜，舒缓精神的效果绝佳。不仅能让沉重的双脚得到放松，还能在按摩过程中好好享受属于自己的时间，这份从容的心情是非常难得的。在温柔的芳香包裹之中洗完澡后，疲劳就一扫而光了。在睡意袭上来之前，再抹上一层带有淡淡香气的身体乳（见 144 页右），入睡时真是幸福满满！我用的护手霜香味也很淡，而且只能在仅有的自由时间里抓紧给手做个保湿。市面上有各种各样的护手霜，决定不了选哪个的时候可以先买小包装的使用。尝试过多种之后，我找到了适合自己的那一款（见 144 页）。

除了利用香薰放松之外，我也习惯在晚上一边望着窗外，一边慢慢刷牙。脑海里除了回顾当天的工作，也会大致勾勒一下第二天要做的事情。坐在窗边刷牙的过程中，情绪就会逐渐镇静下来，慢慢地往睡眠状态过渡。偶尔在刷牙的时候，我的另一只手里还会攥着一块儿不大不小的石头。这样做并不是故弄玄虚，只是它会很神奇地令我的心灵回归宁静。

配饰简单为佳

当我还是学生的时候，特别憧憬戴上耳环的样子。后来也一直没有机会尝试，直到过了 35 岁才开始佩戴耳环。虽然起步略晚，但遇到模样精致的耳环后还是会买下来珍藏。迈过 40 岁这道坎儿之后，反而觉得有一副样式简单朴素的就足够了。怀着这样的想法，自打买了一对小小的钻石耳环以来，我就几乎没有换过其他的款式。平日临睡前就会把它摘下来，倘若外出旅行，就一直戴着。它小小的也不起眼，根本不用担心会被偷。虽说样式略休闲，但搭配正装也完全没问题。为了纪念 40 岁生日而买下的这副钻石耳环，无论日常还是旅行都能戴，感觉真是赚了。

最近琢磨着也该再添置几样配饰，正好遇到了一个我非常中意的品牌——shuo。无论耳环（见 149 页）、项链（见 149 页）还是手镯，每一款都样式简单低调而又不失高档气质。它的品牌定位就是适用于冠婚葬祭，即专门为在重要的日子佩戴而设计的、稳重大方的配饰。他们甚至还做小方绸巾和念珠。到了三四十岁的年纪，确实也需要为参加冠婚葬祭等重要场合准备一些行头了。虽然现在也有凑合能用的东西，但毕竟还是得慢慢淘汰掉。这指的不仅是衣服，也得有正式场合需要用的包包和首饰，连念珠也要准备好。这个品牌就是为正在为此发愁的人们准备的，其产品深得我心。每一季我都会去看看出了什么新品，然后买回来一两件。当然，这些配饰不仅能戴着出席冠婚葬祭等仪式，与日常穿着也很好搭配。设计想做到举重若轻，其实很难。一般想把洋装或者 T 恤、牛仔裤之类穿搭好，得需要颇深的审美功力。而戴上一件 shuo 出品的简单配饰之后，普通的搭配立马就出彩了，而且显得很高级。挑选洋装和饰品的眼光因人而异，也有人就是偏爱大而华丽的风格。我有位朋友戴过很夸张的首饰，在我看来也很漂亮。可能随着年龄的变化，人的品位也会跟着改变，在那之前，我挑选配饰的标准还是"简单低调，少而佳"。

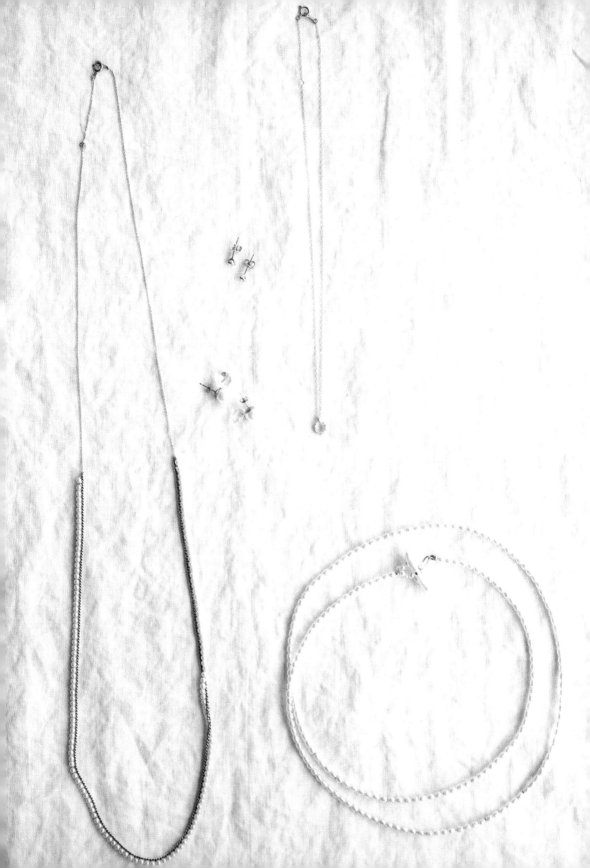

衣着简单而又成熟得体

　　过了 40 岁以后，就开始产生这样的疑惑：以后该穿什么风格的衣服好呢？这件衣服我这个岁数能不能穿？大概半年前，我全面整理过一次衣服，把收在衣橱中和抽屉里的衣服全部拿出来挨个研究，结果发现能穿的没几件了。连自己都觉得不可思议：我怎么一直都穿成这个样子？那些衣服还都是 40 岁刚出头的时候买的，只不过过去两三年，我已经明显感觉到体形和气质发生了变化。现在定不下来着装的方向，不知道该穿成什么风格才好。不过，自己对衣服的品位并没有发生大的改变，既可以按照以往的喜好挑选一些现在仍然可以穿的衣服，也可以尝试从来没有穿过的风格。比起风格强烈的服装，一直以来我都更偏爱简洁而又经过精心设计的衣服，想必以后也不会偏离这条路线。虽说现在还在迷茫之中，但仍旧爱买简单的服饰。虽然想多少遮掩一下体形，但宽松的剪裁反而会让身材的缺陷更加突出，因此我宁愿选择略微窄一点但看起来利索的衣服。

　　我选择衣服的标准就是设计简单、风格成熟，穿着便于行动，工作起来也不会碍事。我是两年前才知道 YAECA 的，现在它已经成为我最常穿的品牌了。它的设计风格简约，细节上又很见功力，剪裁和用料非常适合成人日常穿着。大衣（见 153 页）是去年冬天买的，无论是搭配短裤还是裙子都很合身，我经常穿。这个牌子的开衫也很百搭，穿上很显成熟气质，是我最近才入手的爱物。kolor 出品的衣服（见 152 页上）爱用不对称设计，肩膀和袖子的部分采用了混合材质，看着简单，却暗含设计性，我非常喜欢。还有就是最近不爱穿长靴了，改穿短靴。不再用长靴搭配及膝短裙，而是用短靴配短裤或者长裙。近来爱穿的是 BEAUTIFUL SHOES 牌的靴子，因为它很衬腿形，能让双腿看起来更修长。

　　总之，目前我的着装风格就是走简单利落的成熟路线。

与自己的身体对话

　　我大概从一年前开始练习瑜伽。虽说总惦记着要锻炼身体，但在那之前最多也就是偶尔进行一些慢跑运动，根本没什么效果。现在已经想不起来选择瑜伽的契机是什么了，就记得最开始是在夏季的某一天临时兴起去报了一个瑜伽的入门班。瑜伽有各种各样的动作，现在我只不过是略知一二，但是已经越来越积极地要留出更多时间去练习。现在每个星期都要从工作的间隙抽出时间去上两次课。做了之后才惊讶地发现，我居然从来没有意识到自己的身体是怎样的一个存在（读者当中肯定有不少练过瑜伽的，有些人可能已经体验过这个阶段，达到了更高的境界）。

　　观察自己的呼吸。连喉咙、脖颈和眼球都要充分活动到。静静地从内部审视自己——姿势自不待言，通过这些动作去感知身体结构和自身蕴含的力量，是日常生活中从未有过的体验。瑜伽让我了解到哪些肌肉我从来没有好好运用过，身体里有哪些部位我从来没有意识到它的存在。这种感受本身就已经非常了不起了。我惊讶于平时对自身体力的过分自信，真的只是自以为而已。不只是体力，原来我对自己的身体居然这么不了解……这些事实真是给了我强有力的一击。瑜伽让我了解自己，以及略微残酷的事实。通过与身体的对话，我开始学着体贴自己的身体，了解到现在可以做到的事情有多么可贵，以及今后应当如何好好珍惜自己。

即使这一天过得再忙碌，我也会留出做瑜伽的时间。这些动作能让我蠢蠢欲动、焦躁不安的身心恢复平静。锻炼完走在回家的路上，能明显感觉到神清气爽，身体挺拔，脚步轻快有力。与自己的身体对话，也是对自我的一种审视。随着年龄的增加，这种体验应该是非常有必要的。及时察知身体的每一处细微变化，以便调整与之相处的方式。除了做瑜伽外，哪怕只是在日常生活中留出片刻安静的时间好好审视一下自己，也是极好的。

转换心情的方法

从早上就开始的拍摄结束以后，我习惯一口气把厨房整理完毕，然后站在窗边极目远眺。夏天的话，这会儿的天色还是明亮的，气温却已经开始下降，外面变得凉爽起来；到了秋冬季节，太阳在沉入地平线之前，会留下漫天的红霞。望着这样的景色，会不由地做几个深呼吸。接下来我当然可以去整理菜谱或者做碰头会前的准备，但总感觉脑袋和身体的节奏还没有统一，无法顺利地切换到下一项工作。在这种时候应该给自己来点小插曲。哪怕只是空着手出去散个步，呼吸一下新鲜空气呢。时间充裕的话，还可以走得更远一些，去喜欢的店里转转，或者看个展览。在室外走走，吹吹风，有利于振作精神；来一些甜点则有助于消除紧张的心情；在与人闲聊的过程中，没准能获得一点启发。把这样的活动作为工作与工作之间的过渡，也可以在转换情绪的同时把心态往下一项工作上调整。由此看来，这种短暂的休憩空间的确非常重要，它能帮助你厘清思绪，毫无阻碍地向前迈进。

第 4 章小结

○每天早上起来的第一件事就是打开窗户通风换气。

○要有效利用那些用来放松的时间。

○无论是配饰还是衣服都应以简单为好。

○留出与自己身体对话的时间和自我审视的时间。

○工作结束后，应该有意识地转换心情。

图书在版编目（CIP）数据

家的日常，家的自在：新版 /（日）渡边有子著；
杨林蔚译 . -- 贵阳 : 贵州科技出版社 , 2020.4
ISBN 978-7-5532-0845-9

Ⅰ . ①家… Ⅱ . ①渡… ②杨… Ⅲ . ①家庭生活—基
本知识 Ⅳ . ① TS976.3

中国版本图书馆 CIP 数据核字 (2020) 第 017590 号

SUKKIRI, TEINEI NI KURASUKOTO

by Yuko WATANABE

Copyright © 2014 by Yuko WATANABE

Photographs by Takahiro IGARASHI, Interior design by Hiromi WATANABE

First published in Japan in 2014 by PHP Institute, Inc.

Simplified Chinese translation rights arranged with PHP Institute, Inc. through Bardon-Chinese Media Agency

Simplified Chinese edition copyright © 2020 by United Sky (Beijing) New Media Co., Ltd.

All rights reserved.

著作权合同登记 图字：01-2015-4503 号

家的日常，家的自在：新版
JIA DE RICHANG JIA DE ZIZAI: XINBAN

出 版	贵州科技出版社	
地 址	贵阳市中天会展城会展东路 A 座（邮政编码：550081）	
网 址	http://www.gzstph.com	
出 版 人	熊兴平	
选题策划	联合天际	
责任编辑	李 青 刘利平	
特约编辑	李若杨	
美术编辑	王颖会	
封面设计	刘彭新	
发 行	未读（天津）文化传媒有限公司	
经 销	全国各地新华书店	
印 刷	雅迪云印（天津）科技有限公司	
版 次	2020 年 4 月第 1 版	
印 次	2020 年 4 月第 1 次	
字 数	100 千字	
印 张	10	
开 本	710mm×1000mm 1/16	
书 号	ISBN 978-7-5532-0845-9	
定 价	49.80 元	

关注未读好书

未读 CLUB
会员服务平台